Bassirou NDONG

Par la force des mots

Bassirou NDONG

Par la force des mots

Livre 1

Éditions Muse

Imprint
Any brand names and product names mentioned in this book are subject to trademark, brand or patent protection and are trademarks or registered trademarks of their respective holders. The use of brand names, product names, common names, trade names, product descriptions etc. even without a particular marking in this work is in no way to be construed to mean that such names may be regarded as unrestricted in respect of trademark and brand protection legislation and could thus be used by anyone.

Cover image: www.ingimage.com

Publisher:
Éditions Muse
is a trademark of
Dodo Books Indian Ocean Ltd. and OmniScriptum S.R.L publishing group

120 High Road, East Finchley, London, N2 9ED, United Kingdom
Str. Armeneasca 28/1, office 1, Chisinau MD-2012, Republic of Moldova, Europe
Printed at: see last page
ISBN: 978-620-4-97688-4

Par la force des mots

Livre 1

Bassirou NDONG est juriste de formation à l'Université Cheikh Anta DIOP, écrivain et poète, auteur de plusieurs recueils de poèmes. Son dernier ouvrage s'intitule : **Miroir, le reflet de la poésie** publié chez les éditions Muse.

Bassirou NDONG

Par la force des mots

Livre 1

Illustration de couverture : *Le pouvoir des mots – Coaching News Magazine*

Poésie

À ma mère, encore et toujours,
mon amour éternel.

À feu Salif Diakham NDONG,
un frère et ami éternel.

SOMMAIRE :

Poème 8 : **Mémoire**

Poème 9 : **Des mots**

Poème 10 : **La force**

Avant-propos

Par la force des mots est un recueil de textes et de poèmes qui met en mouvement la synergie de la pensée et de l'imagination.
L'auteur communique avec sa propre conscience à travers l'observation de la nature et élabore ainsi une théorie selon laquelle « vivre : c'est décortiquer des signes. » Il décrit alors un mot comme étant un signe qu'on doit utiliser avec une grande sagesse …

Par la force des mots va chercher en nous, ces nombreuses zones de sensibilité que la poésie peut dévoilait au public d'ailleurs " Christilla Pellé Douël précisait : " par essence, la poésie est un moyen de s'élever car elle permet de toucher ce que nous avons de plus sensible en nous, elle est un outil de développement personnel ".

La poésie nous remet en communion avec ce qu'il y a de plus sensible dans l'existence en stimulant notre inconscient, dans lequel la sensibilité s'éprouve. On trouve dans ce livre la poésie des choses, la poésie de l'humain et des réponses que nous ne saurions pas exprimer de manière spontanée. Il propose également des pistes de réflexions poétiques ainsi que des thématiques philosophiques.

Le regard

Crédit image: Africa-asia-australia-blue-eyes-wallpaper-preview

Le regard

Les mauvais regards sur ce bas monde
Empêchent l'imagination des pénombres
Révélations du ciel et des puits de l'enfer.
Désolé donc à celui qui croit à Lucifer.

La terre ne donne point de réaction
Et le ciel ne reçoit que des saints.
Chercher au sein de vous la sentence,
Pour la raison, le cœur et le plaisir.

Étudier l'histoire, l'art et la rhétorique,
Pour la foi, l'âme et la sagesse
Car l'ignorance ne mènent à rien
Et que la tolérance est devenue obsolète.

Ayons le bon regard, une bonne attention,
Une riche imagination et une solide foi,
Pour continuer l'aventure de notre vie
Car tous les chemins mènent à Jérusalem.

Prédatrice

Crédit image: Afrika-art-savanna-beautiful-woman

Prédatrices

La férocité de son épée se justifie
Par la justesse de son acte.
Elle est noire, elle est puissante.
Elle est rebelle et elle est prédatrice.

Prédatrice du bonheur, prédatrice de la sagesse.
Elle sollicite souvent les dieux, elle est muse.
Elle donne, offre, partage et accepte.
C'est une Princesse qui veut devenir riche.

Prête à mourir, s'il le faut pour l'honneur.
Prête à souffrir, s'il le faut pour l'amour.
Prédatrice d'ange ; créatrice de leader.
Prédatrice d'indépendance et armée de patience.

Elle est tout simplement femelle.
Elle est le monde et la mode.
Elle est la faune et la flore.
Elle est créatrice et prédatrice.

Pédestre

Crédit image : coucher de soleil – Afrique savane

Pédestre

Des éléphants dans un champ,
Ils marchaient aussi lentement,
Qu'un caméléon dans un camion.
Carrément, ils étaient trop fatigués.

Horrible pas de géant sur la route de la sagesse,
Pas par pas, pas sur pas puis partons de là.
Loin des ignorants, et restons ignorants,
Dans un monde de perpétuelle recherche.

Pas par pas, pas sur pas puis part de là.
Il fait tard, le soleil a sommeil, il se couche.
La nuit noire s'annonce et les étoiles s'élèvent.
C'est trop tard pour faire la fête.

Pas de géants, rêve de grands
Sous les arbres à palabres,
Ses idées pédestres se défilent,
Pour faire régner la paix sur terre.

Dakar, le 18 juin 2021

Le dompteur

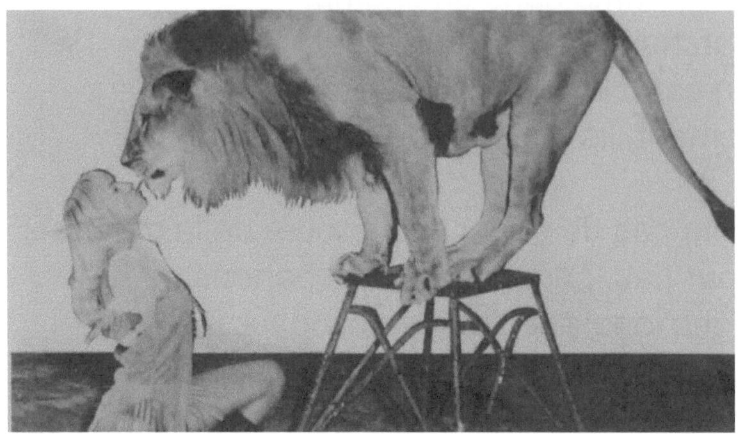

Crédit image : Featured-Image-1068x601

Le dompteur

Dompteur de la brousse, la fiole de la flore.
Verdure naturelle sur un tableau artificiel.
Et si la tempête ressurgie, parlons au ciel,
Pour que la terre maudit les folklores.

Dompteur des eaux, la rougeur des océans.
Guidant les cornes du monde, ô créateur,
On vous redonne notre âme de tyrans,
Pour que notre dame du Liban le récupère.

Dompteur des cieux, rumeur des couloirs.
Et s'ils étaient tous prêts, on resterait muet,
Aveugle mais jamais sourd sur cette route
De calvaires et de mauvais prédateurs.

Dompteur des esprits, l'opium des idées.
On pense trop mais on réfléchit peu
Dans un monde où l'ignorance est démocratisée
Et la sagesse socialement tyrannisée.

Dakar, le 23 septembre 2021

La souche

Crédit image: TechnoBee-in-glass-bell-V03-DJ-image-lr

La souche

Fleur de la vie sur terre, miel de bonheur,
L'abeille mon compagnon de tous les jours,
L'abbé le guide de tous les fous ; Seigneur !
Pardonnez-moi les tours de tous les jours.

En cours de route, j'ai vu et j'ai vécu,
J'ai perdu et j'ai gagné, j'ai donné et j'ai reçu.
Ce que j'ai toujours voulu n'existe pas sur terre.
On ne ramasse pas de l'or par terre.

Ô misère, pourquoi m'accueilles-tu à ma
naissance.
Ce n'est pas mon destin, je pense …
La tendance de mes propos n'est pas de la
poésie,
Je pense, c'est la souche de la poésie, je crois.

J'aimerai avoir l'avis de Marc Alyn, bon ! Ce n'est
Plus important ; je crois. Courir tout au travers,
C'est ce que je fais et c'est génial, je pense …
La souche n'est pas originelle, elle est originale.

Murale

Crédit image : abstract-expressionisme-abstract-painting

Murale

La vie est un tableau de mirage,
Une image de nuage sur un panneau.
Grande peinture comme une machine,
Cette image sur ce tableau bleu m'effraie.

J'imagine ce beau cadre vernis de peinture,
S'adaptant juste avec ce mur doré de nature,
Dans ce petit matin au soleil sans chaleur,
Enviant les gens attentionnés de culture.

C'est viral ce tableau, il force un rêve nocturne,
Autour un drap en velours rouge de sang.
Une oasis d'honneur. Ô neige de miel, accordez
Moi, le temps d'apprécier cette lune de miel.

Héritage oculaire, beau dormant des couleurs
Dans le terrain de l'imagination et de la réalité.
Le museau est clair et le mur est déjà là.
Caressez la plénitude de ce magnifique mur.

Des sœurs

Crédit image : Amoureuses du soleil - Bimago

Des sœurs

Deux sœurs marchaient dans le vide.
Elles cherchaient leurs âmes sœurs
Sur la rue des célibataires endurcis.
L'une d'elle s'arrêta en disant …

« Un fantôme du passé me cherche jusqu'à
Présent et j'ai décidé de fuir pour l'éternité. »
L'autre répondait simplement que « le troisième
Est toujours le plus nul et le plus sérieux. »

Les deux sœurs continuent la marche,
Du bonheur, de l'espoir et de l'épanouissement.
La croyance à un avenir meilleur,
Leurs emporte dans une vie de rêve.

Le chemin est long et dangereux
Elles ont la force, ces sont des femmes.
Elles vont séduire le destin
Et draguer le succès et le bonheur.

Mémoire

Crédit image : Persistance de la mémoire - images.4ever

Mémoire

Ma reine, je pense à vous ! Ce magnifique cadeau.
J'implore ta gratitude, toi, l'unique que j'aime.
Mon cœur plane les alanguissements de ta peau.
Toi qui comme un coup d'épée sur ma tête,

Freine le fleuve de joie de ma conscience.
Ta mémoire, identique aux poèmes lyriques.
Une fois seule, j'attacherai mon bras sur ta tige
Pour que chaque fleur ressent ton odeur.

Ainsi, quand je serai perdu dans la gloire,
Ces femmes qui apparaissent de toutes couleurs,
Témoins d'une dépression toxique de mémoire
Me laissant dans les bras de la nuit noire.

Pour que tu disparaisses dans ton cercueil d'or,
Aimable, encore belle comme un ciel nébuleux,
Qui me ronge de tout mon humble cœur,
Cette mémoire qui refusent de comprendre.

Des mots

Credit image : blocks, lots - Wallpapersden

Des mots

Dans le labyrinthe d'un mot
Se trouve de profonds maux
Bouleversants la quintessence de la vie.
Entre nous ; est-ce que la terre retient ?

Je l'imagine alors ce beau paysage,
Artiste, fier de son tableau ;
Murale et virale à force de le dire ;
Tous pour les femmes et rien pour les hommes.

Des vagues de fables au très profond ;
Qu'il faut mémoriser et réciter pour les funérailles
Avec la fierté et la tristesse à la fois.
Il nous dit quoi cette justice ; c'est la loi.

De ceux dont le cœur dit…
L'esprit comprend ces non-dits.
C'est comme ça qu'évolue le mot,
Jusqu'à devenir des grands maux.

La force

Credit image: Tree of Life Background Images – Stock Adobe

La force

L'homme a pour force sa raison,
Son cœur et sa foi parfois son talent.
Qui tend la main refuse sa force
Et réclame sa part de la rançon.

Il était tard mais jamais trop tard.
De vous, dépend la pleine lune.
L'aube blanchie, la nuit disparaisse
Et laisse la place à la fameuse paresse.

Saisit la chance de la radieuse vie.
Vit avec les maux et défend tes mots.
Aujourd'hui peut être solitaire,
Demain sera alors beaucoup mieux.

La force de l'homme réside dans sa pensée,
Dans les actes et les habitudes de jours.
Court à ton rythme, ce n'est pas encore l'heure.
Garde ta force plus forte et plus rayonnante !

Printed by Books on Demand GmbH, Norderstedt / Germany